前言

foreword

不断提高的生活品质使人们对家居装修的要求也越来越高，即使是家具的摆放、饰品的搭配，甚至是家居中一些过渡空间的装修都可能成为影响家庭生活的关键。客厅沙发与电视角度的不当会破坏家人看电视、聊天的心情，书房的灯光太刺眼也会磨灭你看书的兴致，卧室家具的错误摆放甚至可能会影响你的睡眠……家居的任何一个细节都不容忽视。

近年来，对细节的关注已经成为家居装修和生活的新主题。装修是对自身居住空间的一种营造，是让家居生活更舒适、更便捷。高品质的生活要求的不仅仅是简单的空间，而是空间呈现出来的一种品位，它必然包含着家居文化、生活品位和审美观等多方面的因素。因此，"细节决定成败"这一格言同样适用于家居装修中。空间的每一个细节都应该是我们装修时要考虑的部分，而在具体的装修中，我们往往只注意到了整体，却忽略了很多至关重要的细节。于是，就很容易出现这种情况：投入了大量的时间、金钱、精力后，却发现家里总有些地方让自己不满意，总觉得一些细节其实并不适合自己。

正是基于上述出发点，《家居细部 Decoration and Detail》有针对性地选取16个家居细节进行全面地介绍和案例展示，并按各自的特点分为以下七册，为读者提供最为便捷、可行的参考信息。

《墙面》：墙面作为对空间影响效果最为明显的部位，一直以来都是装修中的重点。客厅的时尚，卧室的温馨，餐厅的简洁……无不需要墙面的烘托，从某种意义上说，墙面效果决定了整个空间装修的成功与否！如今，墙面的装饰无论是从材料上，还是设计手法上都有了翻天覆地的变化，墙面作为家居装修中的"脸面"工程也越来越丰富多彩。

《顶棚•地面》：家居空间的三个面中，顶棚、地面主要起到对整体的烘托作用，自身很少作为装饰的"主角"存在。但是，一个对家居的空间感影响最大，一个与我们的直观感触最为亲密，两者的作用自然不能小觑，稍不注意就会犯原则上的错误，影响整个家居空间的装修效果。一般来说，顶棚宜轻，地面宜重，这样有利于空间的稳定感。

《厨房•卫浴》：厨房、卫浴在家居装修中，单体支出的费用最高，其装修也从过去的只追求功能性发展到了如今功能与装饰并举。随着生活水平的越来越高，各种时尚的户型与风格潮流衍生出了丰富多彩的厨卫空间。厨卫不再是家居空间中的"操作间"，而是变得更加人性化、时尚化、舒适化，大大提升了我们的生活品质。

《玄关•隔断•过道•楼梯•阳台》：这些空间看似很不起眼，但却不容忽视，它们承接着室内到室外以及家居中不同空间之间的过渡。相信这些空间的精心设计，会让你和客人都眼前一亮，生活情趣油然而生。

《家居布置》：详尽介绍了客厅、餐厅、卧室、书房四大空间的布置方式，精心的家居布置、合理的设计能让空间的各个元素融入到环境里，同时又能保持各自的特点与美丽，充分展示出主人的品位与修养。

《布艺•照明》：布艺与照明受到越来越多现代家庭的重视，你的家也会因为它们的存在而多姿起来。把布艺布置到家居的每一个空间里，作为可移动的装饰物，让它时刻展示着你的品位与生活情调。照明就更像是家居空间的灵魂：晚上，它是营造气氛的高手；白天，它则是时尚而独特的家居饰品。

《收纳•绿化•饰品》：收纳、绿化、饰品在现代居室中不可或缺。收纳让你的家井然有序，它不仅是一种家务，更是关于空间美学的一门生活艺术。绿化已经成为现代居室的一种时尚、一种潮流，不同部位、不同方式的绿化会给空间带来不同的效果和氛围。饰品更是家居装饰的重要元素之一，别致、独特的饰品是家居中一道流动的风景线，它们赋予家居新的感情和色彩。

完美的细节设计，总是恰如其分地出现在家居中合理的空间，成就完美的家居环境，将美好与精彩定格在我们生活的瞬间。

contents

目录

客厅

顶棚

一般家居空间都有顶棚(又称天花板或者顶面)、地面及四面墙壁，因为视角的关系，墙面理所当然地成为重点。顶棚与地面是两个水平面。顶棚在人的上方，顶棚处理对修整空间起决定性作用，对空间的影响要比地面显著。顶棚通常是最先引人注意的部分，其色彩、质地和图案能直接影响室内观感。

客厅顶棚常用的装修形式有吊顶和原底装饰两种。其中吊顶又分吊平顶、吊二级顶、吊三级顶等多种形式。吊顶的目的一是为了起到装饰效果，二是为了盖住顶棚上的各种线管。原底装饰是指在原有基础上直接刮腻子做表面装饰。

右上图 客厅中的顶棚设计往往与吊灯的效果结合进行，一如这金壁辉煌的吊灯搭配着顶棚简洁的造型，将空间的华贵表现得淋漓尽致！

小贴士

客厅吊顶做法之一。在客厅四周做吊顶，中间不做吊顶。这种吊顶可用木材夹板成型，设计成各种形状，再配以射灯或筒灯，在不吊顶的中间部分配上新颖的吸顶灯。这样会在视觉上增加视觉的层高，适合于大空间的客厅。

左上图 明快的客厅中，顶棚的设计也未做过多的修饰，突出部分很好地呼应了空间的功能划分，弧线则带来了层次上的变化。

下图 不同的顶棚设计彰显着空间不同的功能区间，一个大气，一个精致，功能与装饰很好地结合到了一起！

上图 组合式的顶棚设计，简单而富有层次，在灯光的衬托下，使客厅也变得丰富起来！

右中图 简约的顶棚造型，很好地融入到了空间的整体中，营造出现代明快的客厅效果。

小贴士

客厅吊顶做法之二。将客厅四周的吊顶做厚，而中间部分做薄，从而形成两个明显的层次。这种做法要特别注意四周吊顶的造型设计，在设计过程中还可以加入你自己的想法和爱好，从而可以把吊顶设计成具有现代气息或传统气息的不同风格。

右上图 现代风格的客厅中，组合式顶棚带来了空间的层次感，顶棚搭配的灯光效果让客厅也变得丰富起来！

下图 采用木质格栅营造一面别具一格的客厅顶棚，既渲染了空间温暖舒适的氛围，又展现了空间别致的效果。

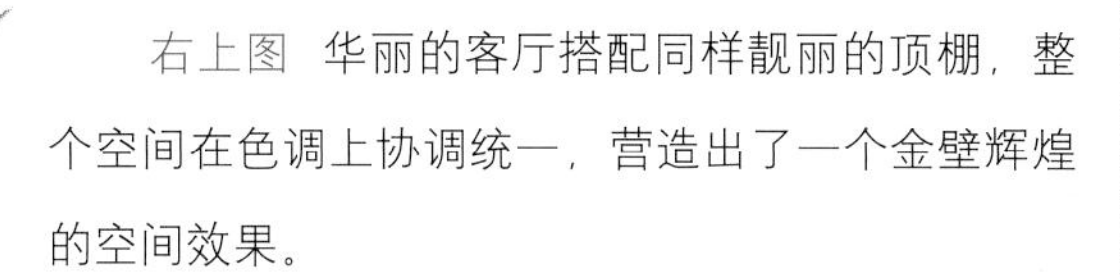

右上图　华丽的客厅搭配同样靓丽的顶棚，整个空间在色调上协调统一，营造出了一个金壁辉煌的空间效果。

左下图　素雅的顶棚造型与华丽的客厅相搭配，更加突出了空间精致典雅的整体效果，同时一轻一重的视觉效果，也增强了空间的立体感。

小贴士

客厅吊顶做法之三。在顶棚四周运用石膏做造型，石膏可以做成各种各样的几何图案，或者雕刻出各式花鸟虫鱼的图案，它具有价格便宜，施工简单等特点，因此用作客厅的吊顶也不失为一个好方法，只要其装饰效果和房间的装饰风格相协调，便可达到不错的整体效果。

右上图　非常现代的客厅，顶棚采用了与地面一致的设计，同时也扩大了空间的视觉效果，突出整体的现代流畅！

左下图　浓郁的传统风情客厅中，顶棚设计也融入了许多风格元素，四周木质装饰无疑是对整体风格的最好烘托！

右中图　板材营造的顶棚无论在造型还是色调上都与空间融为一体，突出了客厅温馨舒适的整体效果。

下图　中式风格的客厅中，顶棚并没有做风格上的变化，中规中矩的造型有利于突出其他装饰效果！

左中图　从墙面延伸至顶棚的装饰很容易在空间中营造出非常强烈的效果，采用褐色的木质板材表现出稳重的温馨感觉。

左下图　木质的吊顶很好地表现了客厅的田园风情，不过这种设置需要足够的空间才可以实现！

小贴士

客厅吊顶做法之四。如果客厅的空间高度充裕，那么在选择吊顶时，就有了很大的余地。可以选择如玻璃纤维板吊顶、夹板造型吊顶、石膏吸声吊顶等多种形式，这些吊顶既在造型上相当美观，同时又有减小噪声的功能。

右图二 原木装饰的顶棚将田园风情的自然效果渲染到了极致，简单而效果明显！

左下图 木质的顶棚装饰着力表现粗犷的自然之美，与精致、舒适的空间布置形成搭配，悠闲的生活享受从这里开始！

右上图 柔和的顶棚造型搭配的是绚烂的欧式吊灯，空间看起来既华丽又有浪漫的婉约之美！

左下图 一边是结构繁复，一边是简单明了，同一空间的效果对比不仅有效地划分了功能空间，还让客厅看起来富有立体变化！

餐厅

餐厅在现代居室中，往往与客厅空间相连，因此，餐厅的设计应该以简洁和舒适为主，避免与客厅空间相冲突。同时，作为用餐的地方，过于繁复的装饰，往往也会影响对食物的专注程度。设置在客厅中的餐厅的顶棚，应注意与客厅的功能和格调相统一。若餐厅为独立型，则可按照居室整体格局设计的轻松浪漫一些，餐厅的顶棚设计应以素雅、洁净的材料做装饰，如涂料、木做、金属等，并用灯具做衬托。如采用降低吊顶的方法，可使灯具的照明更加具体，同时给人以亲切感。

左下图　简单的用木材构造一个顶棚装饰，带来非常舒适的田园风情享受！

小贴士

顶棚设计原则之一：注重整体环境效果。顶棚、墙面、地面共同组成室内空间，共同创造室内环境效果，设计中要注意三者的协调统一，在统一的基础上各具自身的特色。

右中图 以木原色打造的田园餐厅，舒适而不繁杂，吊顶自然也选择了简单粗犷的形式！

下图 木质的吊顶与空间的整体效果相协调，简约之中透出温暖舒适的气息。

右上图　方圆结合的顶棚造型在灯光的映衬下，显得时尚而现代。现代风格的空间往往摒弃复杂的吊顶形式，轻松明快成为时下流行的装饰形式。

左下图　顶棚弧线带来了优雅的空间视觉效果，而木质材料则体现了餐厅温馨的用餐氛围。

小贴士

顶棚设计原则之二：顶棚的装饰应满足适用、美观的要求。一般来讲，室内空间效果应是下重上轻，所以顶棚装饰力求简捷完整，突出重点，同时造型要具有轻快感和艺术感。

上图　非常素雅的空间，利用顶棚的凹槽布置灯光效果，让光线成为餐厅最明亮的要素。

右下图　金属的光泽在背景的映衬下，显得格外靓丽，墙、顶棚一致的装饰手法也增强了局部的视觉效果！

左下图 现代装修中，这种吊顶形式已经越来越多的被人们所使用，延自客厅的简约顶棚，通过凸出一块的变化，划分出了餐厅空间，非常简洁有效！

右中图 顶棚凹槽中设置一个木质吊顶非常的轻松简洁，丝毫没有给空间任何的压抑感。

小贴士

顶棚设计原则之三：顶棚的装饰应保证顶棚结构的合理性和安全性，不能单纯追求造型而忽视安全。

右上图 简洁的顶棚通过一盏绚丽的吊灯来达到空间装饰的效果，顶棚只是起到一个背景辅助的作用。

右下图 中式古典风格的餐厅，顶棚设计得非常轻盈，只是利用镂空的板材装饰来呼应空间的风格特点。

右上图　温暖的木材是餐厅的装饰主角，在家具色调较深的基础上，构造非常简单的顶棚能够提升餐厅的空间感。

右中图　简单到了极致的吊顶设计，只是利用落差的变化来增强空间的层次感，整体感觉简约、明快。

小贴士

顶棚设计形式之一：平整式顶棚。这种顶棚构造简单，外观朴素大方、装饰便利，适用于现代风格的空间中，它的艺术感染力来自顶棚的形状、质地、图案及灯具的有机配置。

右上图 餐厅的吊顶以简洁明快为主，这与空间的功能需求相一致，也与整体的空间风格保持一致。

右下图 “门”字形的设计扩大了小空间的视觉效果，重复的线条带来了有序的层次感！

右上图 开放式空间中，轻盈的顶棚与稳重的地面构成了浓烈的立体感，原木色饰面板很好地呼应了整体空间的温暖效果。

下图 华丽的空间中，素雅的餐厅顶棚有别于客厅顶棚的绚丽效果，使不同的功能空间得到了有效区分。

小贴士

顶棚设计形式之二：凹凸式顶棚。这种顶棚造型华美富丽，立体感强，适用于客厅、餐厅、门厅等，要注意各凹凸层的主次关系和高差关系，不宜变化过多，要强调自身节奏韵律感以及整体空间的艺术性。

右中图　简单的顶棚只是作为背景，古色古香的吊灯才是空间顶部的装饰亮点，同时也避免过多的古典装饰给空间带来压抑感。

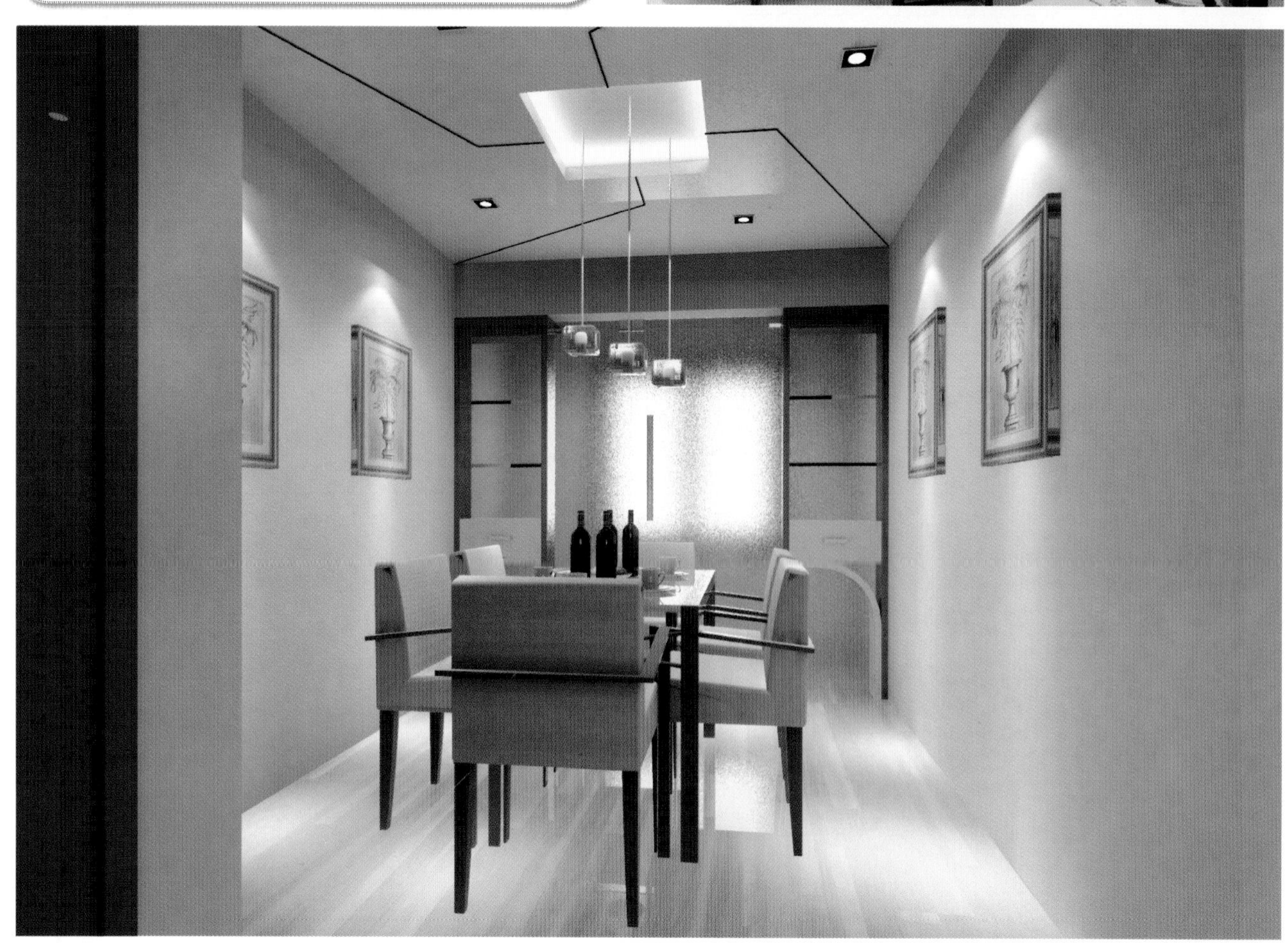

左下图　采用弧形吊顶能够给空间带来更多的时尚感，同时也让空间变得生动起来。

右下图　顶棚的设计完全沿用了空间墙面的效果，凹槽造型有利于壁灯的设置，并增强空间的立体感。

小贴士

顶棚设计形式之三：悬吊式顶棚。在屋顶承重结构下面悬挂各种折板、平板或其他形式的吊顶，这种顶往往是为了满足声学、照明等方面的要求或为了追求某些特殊的装饰效果，使人产生特殊的美感和情趣。

下图 如此复杂的顶棚构造并不多见，但黑白对比色显得干净利索，规则的几何形状也不会有杂乱感，整体布置既精致又不显冗沉。

右上图 餐厅小巧精致的顶棚造型与客厅顶棚有异曲同工之处，只不过在灯光色彩上更为温暖一些，一大一小，既保证了空间的简洁，又获得了生动的对称效果。

左下图 突出的餐厅顶棚设置与其他空间的顶棚协调一致，简单的弧线勾勒出时尚感很强的用餐环境。

上图 别致的图案让餐厅顶棚既简洁又不乏个性元素，与餐桌椅的时尚相呼应。

左中图 橙色的顶棚装饰与清新的墙面形成对比，将餐厅空间渲染得多姿多彩、轻松明快。

小贴士

顶棚设计形式之四：井格式顶棚。它是结合结构梁形式，主次梁交错以及井字梁的关系，配以灯具和石膏花饰图案的一种顶棚，朴实大方，节奏感强。

右上图 顶棚几乎没有做任何的装饰，整个餐厅看上去简洁流畅，这也是现代简约风格常用的设计手法。

左下图 在顶棚凹槽中设置壁灯装饰空间，弱化了顶棚的造型，但在对整体空间的渲染效果上得到了加强。

小贴士

如果喜欢空间线条流畅，也可以对餐厅顶棚不做任何处理，选择一盏别致的吊灯，一样可以对顶棚起到很好的装饰作用。因为方便、简洁，而且效果也很不错，这种装修方式已经受到越来越多人的喜爱，大有流行的趋势。

右上图　餐厅顶棚的造型并不突出，但是其色彩的对比，让空间顶棚拥有了抽象的效果，使餐厅非常有层次感。

左中图　米黄色的顶棚和墙面带给餐厅温暖的效果，避免过于素色的环境影响用餐时的食欲。

右上图　利用板材对顶棚进行装饰点缀，现代的餐厅中多了几分豪华与大气的感觉，让整体效果显得有档次。

下图　采用镜面装饰顶棚无疑能够起到扩大空间，增添时尚感的效果，但大面积的使用也会给用餐者带了一些不安的心理反应，宜在小范围内使用。

上图 现代时尚的空间中，这种略带镜面效果的设计，既对轻快的空间进行了对比平衡，又保证了空间的整体效果不被破坏。

右下图 采用玻璃与板材对顶棚进行适当的装饰，可以营造出华丽大方的效果。一般来说，餐厅的顶棚都不适合大面积的使用深色调材料进行装饰，否则容易引起压抑感，影响就餐食欲。

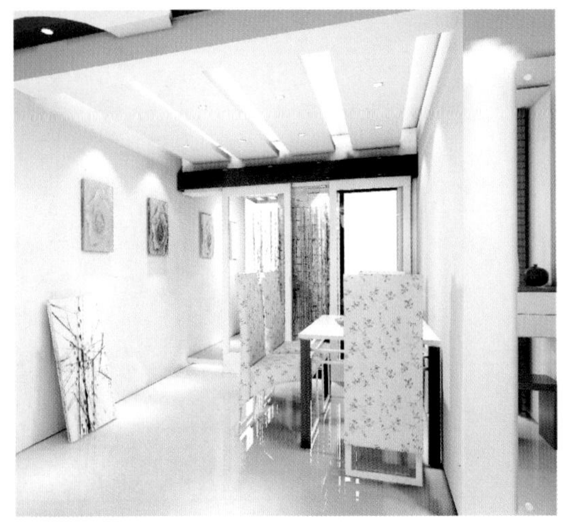

卧室—书房

卧室主要是睡眠、休息的场所，有时受居住条件的限制，也用以工作或亲友密谈。卧室的顶棚是设计的重点之一，吊顶的造型、颜色及尺度，直接影响到主人在卧室中的舒适度。一般情况下，卧室的吊顶宜简不宜繁，宜薄不宜厚。如做独立吊顶时，不可与床离得太近，否则人会有压抑感。

下图 简单、规矩的顶棚组合因为色彩的变化，使空间也变得丰富、生动起来。

小贴士

顶棚用材。石膏板是最广泛的顶棚材料，造价低、施工方便、耐火性能好；金属扣板是工业产品给人以高技术的联想；织物的垂感和轻柔感使结构楼板不再显得坚硬和压抑，织物顶棚总是能和灯光效果结合起来。

右上图 卧室的顶棚往往不做太多的变化，总体也以简洁、素雅为主，避免过于繁复的效果影响人们的睡眠。

左中图 因地制宜的顶棚设计，带来了视觉上的几何抽象感，卧室也因此变得富有层次感。

上图 简简单单的顶棚设置，既丰富了空间的层次，又融入到了简洁舒适的整体效果之中。

左下图 只有在如此豪华的卧室中才能看到这样华丽的顶棚效果，无论是色彩还是造型纹理，都极力表现出空间的富丽堂皇。

上图 顶棚的设计与空间浑然一体，高度的统一让卧室的舒适与私密性发挥到了极致。

左下图 方与圆的对比竟然出现了卧室的顶棚，在灯光的映射下，顶棚变得抽象而有层次，空间也因此生动起来。

小贴士

吊顶不要过重、过厚、过繁，色彩也不要太深或太过花哨。现代住宅本来层高偏低，吊顶过重、过厚、过繁会给人一种压抑、充塞、窒息之感。过分“华贵”导致商业化倾向，使静谧的居室臃肿繁杂，失去了宁馨的静态居室之美。

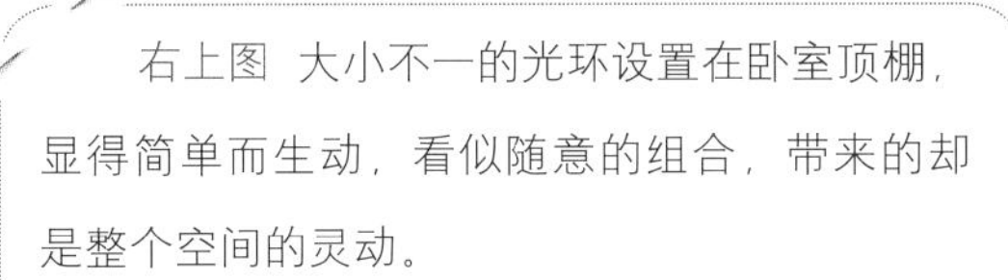

右上图 大小不一的光环设置在卧室顶棚，显得简单而生动，看似随意的组合，带来的却是整个空间的灵动。

下图 装修得富丽堂皇的卧室中，大气的顶棚与精致的纹理很好地渲染了整体效果。

左中图　布置得古色古香的书房中，顶棚也采用了板材进行装饰，简单的线条保证了顶棚的轻快，扩大的镂空效果则是对中式风情的最好诠释。

左下图　规则的网格状顶棚在阳光充足的书房中，显得轻松明快，木质分隔条也呼应了空间整体的风格特点。

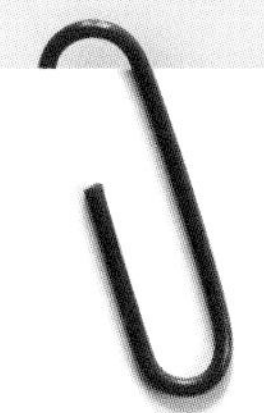

客厅

地面

家居中的地面装修往往因为空间功能的不同而有很大的区别，例如客厅、餐厅、卧室都可以采用地板，而厨房、卫浴则绝大多数都采用地砖。因此，地面的装饰，首先应该遵循空间的功能特性，然后再考虑装饰效果。地面作为与我们感官接触最多的一个面，其装修的好坏，将直接影响到我们对空间的直观感受。

由于活动较多，客厅的地面装修取材应易于清洁，一般采用陶瓷地砖、企口实木地板或复合木地板。为减少热传导，提高舒适感，常在座椅和沙发区局部铺设地毯，也增加了装饰效果。

左下图　地毯以柔和的色彩和强烈的质感，给人带来宁静、舒适的优质生活感受，客厅沙发前的小毯，恰到好处地点缀着你的家居。

小贴士

前几年，人们往往喜欢给不同区域的地面选择不同材质和色彩的地板，但实践证明这样的效果并不好，这种布置使得客厅空间没有了整体美感，多了几分凌乱。因此，采用统一材质、色彩来装饰客厅地面，利用铺设不同的走向、软装、吊顶等来区隔空间，不仅能统一空间，而且也可达到分隔功能区的目的。

右上图 简洁的地面烘托出了客厅的宽敞效果，抽象的地毯花纹与墙面组合挂画相互映衬，提升了空间的生动性。

左下图 光洁、现代的地砖固然好看，但是总会有一些冰冷的感觉，利用一块地毯摆放在会客区，既可以带来温暖的效果，还可以有效地划分功能空间。

上图 浅色地砖铺设地面显得非常明快，整个空间中，深色调与浅色调的对比非常明显，客厅因此也变得富有变化。

右中图 浅色木地板与墙、地面着力表现出素雅、宁静的氛围，而地毯跳跃的色彩与沙发靠垫又使客厅不乏生动性。

小贴士

地砖与地板比较之一。地板的色泽度、柔软度极佳，给人的亲和度非常不错，而地砖则比较生硬；在保温性上，地板的保温性具有优势，而地砖由于热传导快，保温性能则相对差一些。在保养上，地砖的清洁程序和保养要快速方便得多，如对于油渍、水迹，它们对地板的伤害比较严重，而对地砖则几乎无伤害。

右中图 原木色地板给人非常温暖舒适的感觉，烘托出整个空间的温馨环境。对于色度稍浅的原木色，用在淡雅空间，效果最为突出。

右下图 温暖舒适的实木地板，看似涂鸦的地毯效果，搭配温馨的空间色调，客厅的现代温情表露无疑。

右上图 将客厅中央完全用地毯装饰起来，让空间充满豪华、大气的效果。

下图 稳重的暖色调客厅，地砖地面表现出来的简洁与明快很好地中和了整体空间效果。

小贴士

地砖与地板比较之二：地砖由于品种齐全，色泽鲜明，花样繁多，规格也迥异，因此给设计师的发挥空间非常大，而比较容易出设计的效果，相对来说，地板在色泽、样式等选择面上比地砖要弱一些，想出特别的效果不易。

左中图　布置得抽象而简洁的空间，仿岩石的地面效果非常大气，俨然成为了客厅华丽的背景舞台。

左下图　现代明快的客厅，简简单单的地砖是最好的选择，浅色的地面更容易突出明亮、洁净的简约效果。

右上图 雍容华贵的欧式空间，地毯与仿古地砖是其最好的地面装饰材料，它们所表现出来的舒适、温馨效果能很好地烘托空间的风格特点。

右中图 选用带有纹理的地砖，可以给客厅带来更为丰富的视觉效果，而温暖的色调也能增强地面的亲和力。

上图　带纹理的地砖往往带有大理石的装饰效果，装修得富丽堂皇的空间，地面表现出来的大气与华丽程度，丝毫不逊于整体效果。

左下图　适当的在地面做一些装饰变化，可以形象地划分空间的功能区域，增强整体的层次感。

小贴士

地砖与地板比较之三：地板的施工工艺是恒定的，有统一的技术标准。而对于地砖来说，大地砖对于铺设要求高一些，工价成本也就高一些，当然大地砖的整体效果会更好一些；小地砖的铺设要求和工价成本相对低一些，整体效果也差一些。

左中图　干净得不带一点变化的白色地砖，素雅得不沾一丝鲜艳的麻质地毯，地面的效果简洁而现代。

下图　采用深色的地砖装饰地面，表现出来的是一种个性的现代风情，客厅也变得“酷”味十足。

小贴士

地砖与地板比较之四：板的材质非常多，使得材质有较强的地域差异性，在地板成品中各地板的变形率也有不同。而地砖的材质比较接近，各地砖的成分也几乎类似，不会产生对于地域的适应与否。

右上图 黑、白、红的对比将客厅变得非常时尚而有个性，如此对比强烈的空间，地面的深色能够很好地“稳住”空间的立体感。

下图 洁净的地砖、淡雅的地毯很好地呼应了空间非常素雅的效果，如此宽敞的空间，自然需要对比色彩来起到立体平衡作用。

右上图　如果除去地毯的色彩，就是一个非常规矩的现代客厅，而地毯色彩为现代空间注入了一份个性元素。

右下图　对于不大的客厅，木地板能够很好地体现空间的温馨效果，营造一个舒适的小康之家。

上图 在这样一个极其素雅的空间，任何的装饰都是多余，地面也仅仅是加深了色调，起到空间平衡作用。

小贴士

地砖与地板比较之五：地板中实木地板的环保是最优的，其次是实木复合地板。地砖则具有天生的放射性，对人体有一定的伤害，近年来，大多数地砖都符合国家限定的健康标准。但就单一环保性来说，地板的环保要更好一些。

左上图 地面与墙面的一致使客厅拥有了非常简洁的效果，暖色的地毯则是对背景墙面的最好呼应。

下图 地面采用了三种材料进行装饰，地砖起到划分功能区的作用，而洁净的木地板与地毯搭配一起，既呼应了整体效果，又丰富了层次变化。

餐厅

餐厅空间的地面材料以各种瓷砖或复合地板为首选。因为两种装饰材料都具有耐磨、耐脏、易清洗、花色品种多样等特点，符合了餐厅空间的特性，使其不仅方便了家庭的使用功能，同时又方便了清洁。餐厅的地面同样应该与客厅的风格相协调，可以选用相同材质的不同色彩，划分出功能空间；也可以不用做任何变化，直接沿用客厅的地面装修形式。一般来说，餐厅的地面还是以素雅为主，营造一个洁净、舒适的用餐环境。

左上图 餐厅地面的落差设计，不仅有效地划分了功能区域，还增强了整个空间的层次感。木地板的温暖效果也对应了餐厅的功能需求。

下图 现在地毯不仅用在客厅中，也逐渐扩展到了餐厅。利用一块地毯铺设在餐厅地面，不仅可以获得温馨的装饰效果，还能够有效地对功能空间进行划分。

右上图 彩条地毯不仅划分了餐厅的功能区域，而且与餐椅套搭配一起，将小小的餐厅空间渲染得非常丰富多彩。

右二图 深色的地面带来稳重、大气的空间感受，独特的地面效果则给餐厅增添了更为丰富的视觉大餐。

小贴士

地面选材之环保原则。从目前普遍使用的三大地面材料分析，三种材料都有不同程度的室内环境污染问题，人造板的地面材料造成室内环境甲醛污染问题的因素更多一些，应该予以注意。实木地板的油漆挥发性有机物和苯污染，瓷砖类材料的放射性污染也是应该注意的。

右上图 采用仿古砖装饰地面，更好地搭配精致的欧式风格，表现出低调、温馨的效果。

左下图 一边是充满异域风情，一边是现代时尚，两种风格的碰撞带来了截然不同的地面装饰。

上图　采用不同的角度进行铺装是丰富地面效果的有效手段之一。通过色彩或材质的不同，可以起到功能区分的效果。

右下图　素雅、温馨的餐厅，地面采用了简单的地砖进行装饰，表现出规矩、明快的效果。

小贴士

地面选材之实用原则。在家庭装修的地面材料选择上还要注意实用。比如有的家庭全部铺装实木地板，甚至包括经常出入的客厅和门厅；家中有小孩或者喜欢养宠物的家庭怕污染全部铺装瓷砖，但是北方冬季会感觉房间里比较冷，另外家中有老人和孩子的家庭会成为安全隐患。

下图 实木地板虽然没有仿古地砖的韵味，却有着非常温暖与高档的效果，也能很好地烘托欧式餐厅的精致与华丽。

右上图 地面对空间功能的区分不仅体现在色调上，也体现在结构的落差设计上，优雅的弧形更是增添了地面时尚的感觉。

右下图 简欧风情的餐厅，中性的地砖色调很好地体现了温情效果，大红的地毯则有效地提升了局部空间的装饰效果。

右上图 采用同一尺寸但色调程度不同的地砖满铺地面，整个空间都因此变得丰富而活泼起来。

左中图 对于空间较大的空间，完全可以利用地砖“划”出一个用餐空间，这种方法既简单，效果又很突出。

卧室—书房

卧室的地面应具有保暖性，不宜选用地砖、天然石材和毛坯地面等给人感觉冰冷的材质。通常宜选择地板和地毯等质地较软的材质。在色彩上一般宜采用中性或暖色调，如果采用冷色调的地板，就会使人感觉被寒气包围而无法入眠，影响睡眠质量。卧室地面最好不要做其他装饰，整洁与流畅是最好的空间形式，这与我们在卧室中的生活习惯相吻合。此外，卧室的地面宜比墙面及顶棚色彩重一些，否则会有"头重脚轻"的感觉，影响休息睡眠。

下图 温暖的木地板与空间的壁纸、布艺相互搭配，共同营造一个温馨、舒适的私密空间。

上图 用精致柔和的地毯铺满整个卧室，地毯与顶棚装饰融合为一体，使得空间仿佛扩大了，柔和舒适的卧室让人全身心放松，卸下工作一天的疲劳。

小贴士

地面选材之经济原则。地面材料是家庭装修的主要支出，所以要根据装修支出的预算决定选择哪种地面材料，不要盲目攀比和盲目追求高价格。

右上图　简洁的卧室布置自然也不需要过多的地面装饰，温暖的木地板搭配素雅的麻织地毯，很好地融入到了整体风格之中。

下图　圆形绣花地毯是卧室的点睛之笔，华丽而舒适，褐色的木地板提供一个非常大气的背景地面。

上图 木地板不仅能够表现温暖舒适的效果，如果搭配清新的空间布置，还能带来自然的气息。

小贴士

地面铺装之注意材料的有害物质限量。选择符合国家有害物质限量标准的地面材料；合理搭配地面材料，房间面积超过一百平方米的最好不要选择一种地面材料，防止由于地面材料的有害物质造成室内环境污染。

右上图 木地板与地毯的搭配几乎成为了最为流行的卧室地面装饰，温暖与舒适、自然与亲切的组合效果，将卧室的功能特点表现得淋漓尽致。

右二图 带有中国传统风情的卧室，地面采用了素色的木地板进行装饰，在表现温暖的同时，也增添了空间明快的效果。

上图 现代明快的卧室中，在床头布置一块地毯，不仅能够丰富空间的色彩，还能够提升卧室的舒适程度。

小贴士

地面铺装之注意地板的铺装质量。地板出现的质量问题中，铺装不当是主要方面，比如实木地板的龙骨问题、复合地板的伸缩缝问题等。地板厂家和消费者要注意铺装现场的质量监督，并且注意在购买合同上注明。

右上图 精致的家具与粗犷的装饰在这里上演强烈的对比，充满艺术感的卧室，地板的铺设也一改以往的规整，交叉的纹理似乎也在迎合空间的整体效果。

下图 粗放的线条、原木的装饰、跳跃的色彩，尽情展示卧室的独有魅力，而簇绒地毯与看似杂乱的地面纹理同样营造了一个别致的地面效果。

上图 褐色的木地板使空间显得稳重，黑白对比的地毯则很好地搭配了空间轻快的整体效果。

左下图 非常淡雅的卧室可以在地面上使用深一些的色调，有利于空间立体感的平衡，同时对比效果也让卧室显得更加明快。

小贴士

地面铺装之注意辅助材料质量。包括实木地板下面的龙骨质量、人造板地板下面的衬板材料的选择和质量，注意一定不要在实木地板或者复合地板下面用大芯板做衬板，否则会严重污染室内环境。

右中图 置身于这样的空间中，强烈的抽象艺术感充斥在每个角落，纯粹的黑白对比演化出了非常个性的卧室。

下图 卧室布置得非常简约，对比鲜明的色调带来了明快的空间效果，过于浅的地面利用地毯进行了装饰点缀，增强了稳定感。

小贴士

地面铺装之注意材料的铺装特点：比如实木地板容易吸附空气中的水分变形，在大风天气或者梅雨天气铺装时要注意。复合地板会随着温度热胀冷缩，铺装时留好胀缩缝很重要。浅色的地面砖在铺装前要封蜡，否则容易留下污染的痕迹等。

左下图　书房的空间一般较小，地面对整体的影响也相对大一些，不管是现代简约还是混搭时尚，木地板是最为保险的一种选择。

家居细部 *Decoration and Detail*

顶棚·地面

周辉 编著

中国人民大学出版社
北京科海电子出版社
www.khp.com.cn

图书在版编目(CIP)数据

顶棚·地面/周辉编著.
北京：中国人民大学出版社，2008
家居细部
ISBN 978-7-300-10027-2

Ⅰ. 顶…
Ⅱ. 周…
Ⅲ. ①住宅—顶棚—室内装饰—细部设计—图集
②住宅—地面工程—室内装饰—细部设计—图集
Ⅳ. TU241-64

中国版本图书馆 CIP 数据核字（2008）第 188765 号

家居细部 Decoration and Detail
顶棚·地面
周辉 编著

出版发行	中国人民大学出版社 北京科海电子出版社		
社　址	北京中关村大街 31 号	邮政编码	100080
	北京市海淀区上地七街国际创业园 2 号楼 14 层	邮政编码	100085
电　话	（010）82896442　62630320		
网　址	http: //www.crup.com.cn		
	http: //www.khp.com.cn（科海图书服务网站）		
经　销	新华书店		
印　刷	北京市雅彩印刷有限责任公司		
规　格	210 mm×285 mm　16 开本	版　次	2009 年 1 月第 1 版
印　张	4.25	印　次	2009 年 1 月第 1 次印刷
字　数	103 000	定　价	22.00 元